U0325949

THE FAMOUS DESIGN

一册在手，跟定百位顶尖设计师！

家 装 设 计 的 创 意 宝 典
不 可 不 看 的 家 装 风 格 大 全

混搭风格

—→ ming —→ jia —→ she —→ ji —————○

（第二版）

本书编委会·编

中国林业出版社
China Forestry Publishing House

图书在版编目（CIP）数据

名家设计样板房. 混搭风格 / 《名家设计样板房》
编写委员会编. -- 2版. -- 北京：中国林业出版社，2015.7
　ISBN 978-7-5038-7968-5

　Ⅰ.①名… Ⅱ.①名… Ⅲ.①住宅－室内装饰设计－
图集 Ⅳ.①TU241-64

中国版本图书馆CIP数据核字(2015)第089215号

策　　划：金堂奖出版中心
编写成员：张寒隽　张　岩　鲁晓辰　谭金良　瞿铁奇　朱　武　谭慧敏　邓慧英
　　　　　陈　婧　张文媛　陆　露　何海珍　刘　婕　夏　雪　王　娟　黄　丽

中国林业出版社·建筑家居出版分社
策　　划：纪　亮
责任编辑：李丝丝
文字编辑：王思源

出版：中国林业出版社（100009 北京西城区德内大街刘海胡同7号）
网站：http://lycb.forestry.gov.cn
E-mail：cfphz@public.bta.net.cn
印刷：北京利丰雅高长城印刷有限公司
发行：中国林业出版社
电话：（010）8314 3518
版次：2015年7月第2版
印次：2015年7月第1次
开本：1/16
印张：10
字数：100 千字
定价：49.80 元

由于本书涉及作者较多，由于时间关系，无法一一联系。请相关
版权方与责任编辑联系办理样书及相关事宜。

THE FAMOUS DESIGN

一册在手，跟定百位顶尖设计师！家装设计的创意宝典

不可不看的家装风格大全

混搭风格

ming → jia → she → ji

东方之冠
Oriental Crown

项目名称：东方之冠 / 项目地点：台湾 台中 / 主案设计：张清平 / 设计公司：天坊室内计划有限公司
项目面积：180平方米 / 主要材料：大理石，不锈钢，茶镜，黑镜，砂镜，茶玻，柚木，黑檀木，马赛克，金泊

■ 整体风格中西混搭，减少了欧式的夸张华丽，多了中式的含蓄优雅
■ 各个房间针对其功能精心设计，营造出独特氛围
■ 装饰及细节处理讲究，处处展现文化底蕴

　　开门即见点题的中式窗花图腾，以精致雕刻的镂空衬托典雅气韵。并以茶镜加上窗花图腾来形成景象延伸，天花采用多层设计点出官式宅邸特有的步步高升之意。

　　衣帽间：繁花并茂的壁纸呈现春回大地的吉祥意涵，并以云型陈列架，带来好运。

　　回廊：连串所有空间的重要动线。因此特别以西式美术馆、艺廊的空间概念出发，加入中式回廊的幽曲美妙，随处可见主人的珍藏物件。红色牡丹屏风以花开富贵之姿带出喜气，色彩鲜艳瑰丽呈现强烈的视觉效果。多层天花象征步步高升，最高层以传统蝙蝠图腾的镜面象征晴空万里、福寿绵延，并以串串水晶，示意福气所带来的串串财宝。

　　客厅：以象征钱币的回字型天花及加厚立体设计的大幅牡丹墙，在宽阔的空间中形成视觉凝聚，点出东方人文的极致风华。格局规划除了立于空间中心点，呈现非凡的大器度外，更结合建筑本体的优势，以无阻隔的餐厅、书房、回廊、户外景观为延伸，成就出运筹帷幄的磅礴气度。

　　餐厅：高贵优雅的大理石柱区分定义客厅与餐厅空间，天花采用圆型设计，加上家具的陈设，营造轻松的用餐气氛并传达出团圆、圆满之意。

　　书房：整体空间气氛可说是法式沙龙的中国版。造型方面，将西洋文化融入中国文化，减低欧式现代家具夸张华丽的装饰风格，却多了中国的含蓄优雅。天花板以平静的方格，展现出平凡中见不凡的气韵。

主卧房：多进式的主卧以造型独特的弧型主墙为设计焦点，层叠质感让层次感丰富，更以延伸而出，如手般的环抱带出拥抱般的温馨。简洁纯白的主卧更衣室，以丰厚绷布板及线条精致的家具，发挥出白色的璀璨多变，让房间充满了雍容华贵的复古氛围，显出高人一等的气度与经典百老汇般的时尚意味。主浴方面空间十分宽敞，设计风格以南洋SPA为主调，巧妙以透明玻璃及马赛克，让设计感不胫而走。

女孩房：如丝绸般的花样少女情怀，镂刻内置间接光的主墙，呈现独特的浪漫。

男孩房：以现代感为主题，床头主墙以双层玻璃设计加上层叠的图腾，造成强烈视觉上的错位扩大空间，凸显质感。天花板的造型延续到更衣室，有统整空间的效果。

孝亲房：令人惊艳的欧式混合着老上海风情，红色壁纸的风格突出，更衣室走高品味路线，衣柜的样式是精准的放大中式图腾，搭上低调的灯光与古香古色的摆设，这里的每个转角就宛如电影场景一般令人欣喜，如果十里洋场上海滩，要找个地方复活，或许就是东方之冠。

凯旋门
Arc de Triomphe

项目名称：凯旋门 / 项目地点：香港 / 项目面积：300平方米

- 香港一线明星的低调奢华居所
- 空间明快而宁静，整体空间感精致
- 黑白色调体现安逸之感

　　在内地300平方米的房子可能非常普通，但众所周知，在香港是非常高档的豪宅。至于这种小面积的豪宅设计，对于设计师来说其实也是一种考验。

　　这其实是香港一位女星的住宅，为保护期隐私性不便公布其真实姓名。但她绝对是香港明星中的一姐，虽然现在并不年轻，但仍然备受关注。

　　由于女主人是偶尔居住，因此房子并没做过多的软装，非常简洁，无论是挂画还是艺术品都非常容易拆除，随时可以挂上，当然这些显得非常低调而奢华。比如客厅的地毯采用中式传统的花纹，但非常的抽象，当然以这种色彩为地毯也是非常大胆的手法。

　　我们看到主卧，文静而浪漫，这其实不是设计师刻意去雕饰的，而是由于主人的自身气质让设计师有了这种设计的理念。特别是房间的那把单椅，当你拿走它的时候会发现原来它的作用是如此的强大。不可忽略的是，从客厅、房间我们都可以看到完整的海景。

　　从整体角度来看，空间非常的明快而宁静，可以说精致。说精致并非因为这里有着瓦萨琪等名牌家具做点缀，而是整体的空间感。黑白色调永远也不会过时，它体现的安逸之感也是随时呼之欲出，在古典、简欧的元素之间不经意地表现却显得恰如其分。

花园老洋房

Garden Villa

项目名称：花园老洋房 / 项目地点：上海徐汇区

- 尊重城市历史文脉，契合现代生活方式
- 尽可能接触大自然，制造惬意的生活空间
- 挖掘材料与环境的共同属性，寻找合适的材料

尊重城市历史文脉，契合现代生活方式。

去之形，取之神。体现苏州，又"做得不要太苏州"，以及尽可能接触大自然。捕捉现场的树叶、阳光、空气，进行非常规化的布置，来制造惬意的生活空间。

挖掘材料与环境的共同属性，寻找合适的材料，材料应该是生长在这个环境空间的。现场没能看到明显痕迹的设计，但呆在里面能感受到灵动的空间，很放松。

豪笙印溢

Overflown Impression

项目名称：豪笙印溢 / 项目地点： 湖南 长沙市
项目面积：350平方米 / 主要材料：丝绸之路，云霞影，意大利木纹，银白龙

   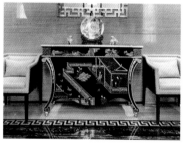

■ 线条简洁、明晰，装饰优雅、得体
■ 深褐色为主，点缀些许亮色，呈现独特韵味

　　本案以简洁、明晰的线条和优雅、得体的装饰，展现出空间中华美、富丽的气氛。表达了一种随意、舒适的风格，将家变成释放压力、缓解疲劳的地方，给人以典雅宁静又不失庄重的感官享受。

　　简洁的天花设计和自然木纹形成几何图案的地板，把握了美式风格简洁、对称、幽雅的精髓，空间中白色大理石立柱的运用则表达了一种更加理性、平衡、追求自由，崇尚创新的精神。富丽的窗帘帷幄和水晶吊灯的搭配，为以硬朗线条为主的空间中增添了一分柔美浪漫的气氛；而主卧及多功能厅天花花纹的使用仿佛云卷云舒的苍穹，让理性的平衡中多了一丝丝的神秘。

　　宽大的沙发和椅子透着古朴与沉稳，坐在其中不管是惬意地阅读抑或是沉醉于醇香的红酒都有让人从五星级酒店或者是办公室中解脱，回归到家中的舒适和随意。湖蓝色和桃红色装饰品的运用为深褐色的沉稳增添了一抹亮色，客厅和餐厅中则在锡铅合金烛台、雕花边柜的装饰中，呈现出独特的韵味。

　　一种超越满足感的生活乐章，一种传奇凝聚着家族的荣光，在光阴的流逝中，一物一什带上情感的力量，家族的精神由此传承……

温暖回归
Warm Return

项目名称：温暖回归 / 项目地点：云南 昆明市 / 项目面积：220平方米
主要材料：金意陶瓷砖，科马洁具，饰家汇家具，班尔奇柜体

- 温暖朴实的风格色调在空间每一处交相辉映
- 墙面采用壁纸、黑檀木、桑拿板加以装饰，使其更具生活气息
- 家具采用布艺家具和中式木质家具相结合，加重生活气息

本案定位为新中式的温暖回归，适合沉稳内敛的客户群体。

当装饰主义和低调奢华大行其道，我们开始重拾中式的温暖，不再闪烁亮丽，回归到一种朴实的画卷气息中。

功能布局设计上，会客区和休闲阳光房的茶室不相互冲突，亦不会往客户私密楼层设计打扰到主人自己的私人空间，足够大的衣帽间让女主人爱上收拾的感觉。卫生间干湿分离，让它不再是一个具有清洁功能的空间。我们需要风格色调在每一个房间、每一个角落、每一幅画、每一个装饰上交相辉映。

墙面采用壁纸、黑檀木、桑拿板加以装饰，柔化了中式风格的庄重，使其更具生活气息，家具采用了布艺家具和中式木质家具相结合的方法，加重了家庭的生活气息，主卧采用油画做推拉门，和一些地方的镜面装饰，加强了空间的现代感。

总监的个性别墅

Director's Personalized Villa

项目名称：总监的个性别墅 / 项目地点：宁波溪口盛世桃园别墅 / 主案设计：夏小立，罗伟 / 项目面积：500平方米

- 以中庭为轴心分布各空间，形成室内四合院的巧妙布局
- 充分利用仿古瓷片与古朴原木搭配，营造古朴、艺术的独特氛围

　　主人为城市的独特人群，崇尚自我的意境，追寻一种远离喧闹、独自取乐的居家感悟。给合主人要求，设计营造出充满朴古的艺术氛围，西式经典与中式文化相融合。

　　空间布局以中庭（中式天井）为轴心分布各功能空间，形成室内四合院的巧妙布局。

　　主要材料亮点在于充分利用色彩丰富的低价仿古瓷片与古朴的原木相结合，营造朴古独特的艺术氛围。设计营造出溢满朴古艺术氛围的空间，充分展现了主人的独特个性气质和品味，令主人非常满意，设计效果给予了极高的评价。

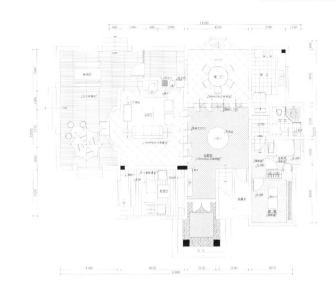

一层平面图

混搭的有机融合

Organic Integration of Mashups

项目名称：混搭的有机融合 / 项目地点：北京东城区 / 项目面积：450平方米 / 主要材料：地板，墙纸，绘画，兽皮地垫

■ 饰品以"点"的形式存在，起对比的协调效果
■ 对称的家具布置形式延续并述说着"中轴线"的高贵地位
■ 色彩以黄、绿、灰为主，红、紫点缀，体现低调的奢华

　　暖灰色的地板与墙纸，衬托着空间中家具的高贵与舒适。兽皮地垫彰显着自然、华贵的气质。茶几上黄色陶瓷装饰与墙面上的黄色凹槽相互呼应。饰品在这里以"点"的形式存在着，并起到了对比的协调效果。

　　餐厅作为家庭中重要的聚会场所，有着举足轻重的作用。设计师选用了现代感十足的家具来体现奢华但又不张扬的空间个性。黄绿色的墙面与灰色的地毯相互映衬，与浓艳的桃花一起，共同渲染着舒适、整体的空间氛围。在这里，现代中式家具与现代欧式家具一起，合奏出空间的美好乐章。高档的现代灯具，照亮并装点着就餐空间。抽象的现代绘画，含蓄地表达着自己的情感。对称的家具布置形式延续并述说着自己"中轴线"的高贵地位。

　　黄绿色墙面和家具的选用协调、并连接着整个空间，使它们有机融合在一起。墙面的油画提升着空间的艺术品位与气质。灰色床单带着浅浅的花纹，与圆床一起构成了低调的奢华。主卧室中黄色墙面是紫禁城色彩的延续，表达着自己尊贵的身份与地位。老人房中深沉的色调，体现出了安逸、宁静的氛围。墙面壁纸的纹理、床单的柔和质感，同地毯的纹理相互衬托，恰似一副刻画深入的"素描"作品，体现着设计师的独具匠心。粉红色的玫瑰花瓣、藕荷色的枕垫、红紫色的现代绘画，无不体现着"舍我其谁"的高贵与典雅。

雅苑
Grace House

项目名称：雅苑 / 项目地点：云南昆明 / 主案设计：吕海宁 / 项目面积：171平方米 / 主要材料：LD瓷砖，多乐士乳胶漆等

■ 将奢华融入简单、品位之中，通过多风格简约元素提升品质
■ 大敞开的设计手法，拉大整套房子的空间效果，达到震撼的视觉体验

　　30~40岁事业有成的群体，见过太多复杂及奢华的设计，他们想把奢华融入简单、品位之中。各种风格元素的注入来提升价值感及舒适感，把新古典的贵族气息保留下来，去掉俗气部分，把中式元素的文化融入进去，去掉老气压抑的视觉感，通过简约的元素来提升品质感和归属感。

　　大敞开的设计手法拉大了整套房子的空间效果，使之达到震撼的视觉效果。客厅顶面LED射灯的密布使得整个氛围有了点睛之笔，既节能又出效果。

香山美树

Xiangshan Tree

项目名称：香山美树 / 项目地点：湖北 武汉市 / 主案设计：张文基 / 项目面积：113平方米

- 作品以全新理念融合庄重与优雅双重气质
- 把传统的结构形式通过重新设计组合，以另一种民族特色的标志符号出现
- 取中国传统元素精华，以水墨黑和瓷白作主基调，绘出一幅雅致中国画

作品是以全新理念融合庄重与优雅双重气质的现代中式。设计更多地利用了后现代手法，把传统的结构形式通过重新设计组合以另一种民族特色的标志符号出现。

传统的书房里自然少不了书柜、书案以及文房四宝。整个空间传统中透着现代，现代中糅着古典。这样就以一种东方人的"留白"美学观念控制节奏，显出大家风范，其墙壁上的字画无论数量还是内容都不在多，而在于它所营造的意境。

取中国传统元素精华，以水墨黑和瓷白作主基调，加入极具中国水墨画题材的写意墙纸、青花瓷，整个空间宛如一幅生动的中国画。可以说无论现在的西风如何吹，舒缓的意境始终是东方人特有的情怀，因此书法常常是成就这种诗意的最好手段。这样躺在舒服的沙发上，任千年的故事顺指间流淌。

墨彩人生
Grisaille Painting Life

项目名称：墨彩人生 / 项目地点：湖南娄底融园小区 / 项目面积：161平方米 / 主要材料：巴西酸枝木，实木地板，壁纸等

■ 通过运用市饰面以及市地板，达到和谐的空间平衡感
■ 独特的克莱因蓝贯穿整个空间，给原来沉重的市色增添更多的活力

东方的绅士生活，并不是一味的复古，亦不是盲目地崇洋。

在城市的高楼林立与喧哗背后，内心深处想寻找一种安宁、清净……

本案基于业主的这种生活背景，在整体简约硬朗的线条中力求细致，通过运用木饰面以及木地板达到和谐的空间平衡感。

一种克莱因蓝贯穿整个空间，给原来沉重的木色增添更多的活力。完整的体现东方绅士最本质的冷静、沉稳、朴实又不断求新求变的性格特点。

一幅清新的宫廷绘画配以素色现代麻质面料沙发，亚克力亮光铆钉箱几，全实木茶桌，以及从法国带来的具有东方韵味的将军罐。

将新东方混搭做得到了极致，这种生活不正是我们所期待的？

融侨观邸

Rongqiao Residence

项目名称：融侨观邸 / 项目地点：福建福州市 / 主案设计：施旭东
项目面积：130平方米 / 主要材料：复合石材，镜面不锈钢，定制木丝面，皮革硬包

■ 运用借景的手法把户外江景引入室内
■ 色彩、造型均以减法设计，留给人遐思的空间
■ 灯光设计抛开传统照明方式，仅以灯带和点光源，
营造轻盈典雅的效果

　　位于闽江边上的高尚住宅。一片和谐雅致，写意与悠闲，宁方勿圆，留给人遐思的空间。以现代手法缔造一片典雅简洁的氛围。融合古今元素，演绎崭新的家。

　　整个空间设计充分把视线打开，运用借景的手法把户外江景引入室内。色彩、造型均以简洁的减法设计。在灯光设计上抛开传统照明方式，仅以灯带和点光源，营造轻盈典雅的效果。

　　推开大门，古典艺术品在灯光下静静地注视着傍晚美丽的江景，先为时尚空间注入暖暖的情意。暖色的自然原木地板，精心挑选的大面积白色理石，天然的石材纹理如江水的涟漪，暗合主人的亲水情结。黑色的皮草和白色花艺，造型很当代的白色装置艺术，一片和谐雅致。白纱外的江景也能借景，作旧的烟草色古代航海地图，既点缀了空间，亦增添玩味。

畅想多元新古典

Imagine Multi-neo-classical

项目名称：畅想多元新古典 / 项目地点：北京 朝阳区 / 主案设计：吕爱华 / 项目面积：160平方米

- 空间改造合理，美观实用兼具
- 冷暖材质在和谐色调里丰富变化
- 大量的中性色运用，烘托出空间低调奢华的气质

　　业主希望空间具备古典与现代的双重审美效果，追求高品味生活。设计时从多元的新古典风格出发，让居住者在享受物质文明的同时获得精神上的慰藉。

　　多元的新古典风格。融入欧式和中式新古典元素，硬装的简约设计为多元化的软装素材提供和谐的背景。合理改造空间。因餐厅较小，厨房被改造成封闭和开放兼顾，并实现厨房中岛多功能性，卫生间的改造也兼具实用与美观。

　　选材：天然石材、不锈钢、银箔结合皮草、丝绒、实木，冷暖材质在和谐色调里丰富变化。

　　色调：以咖色、白色为主体色，融入黑、灰、银，点缀紫红，大量的中性色运用，烘托出空间低调奢华的气质。

　　定制家具在尺寸的确定和材质的选择上得到业主的高度肯定，简约的硬装、新古典家具、现代艺术画和精致摆件在整体环境中和谐变化均赢得了业主的欣赏，并已在专业家居媒体刊登。

竹韵山色

Bamboo Scent of Mountains

项目名称：竹韵山色 / 项目地点：中国 青岛 / 主案设计：MAC HUANG黄士华 / 设计公司：隐巷设计顾问有限公司
项目面积：66平方米 / 主要材料：意大利进口人造理石，实木地板，磨砂玻璃，橡木皮染灰，仿古砖，白色烤

■ 整体空间偏向暖色的现代风格，打造温馨家庭感受
■ 房间里大面积留白，重点放在床头质感与画饰搭配

品居，一种生活品味的居住空间，品味与人居关系的连结。

进门后可看见玄关、餐厅、厨房及浴室位于同一个地区，形成一个大的公共过渡空间，把功能区域集中于此。

整体空间偏向暖色的现代风格，打造温馨家庭感受。入口公共空间处的天花与客厅L型天花设计为空间重点，使用全局间接照明，剩余天花则利用原顶以涂料处理，争取空间高度，玄关柜体下方留空是考虑拖鞋摆放，而柜下间接灯光则是为了让晚归的人有个夜灯。

房间里大面积的留白，重点放在床头质感与画饰搭配，借由个人的喜好装扮自己的空间，无论在何处随意搭配一张设计师款式的阅读椅或是古董椅，都会让空间有不同的语汇。

品居
Enjoy Home

项目名称：品居 / 项目地点：中国 青岛 / 主案设计：MAC HUANG黄士华 / 设计公司：隐巷设计顾问有限公司
项目面积：100平方米 / 主要材料：意大利进口人造理石，实木地板，磨砂玻璃，橡木皮染灰，仿古砖，白色烤漆，鳄鱼皮革布帘

- 舍去繁复的装修与装饰，让生活回归本质"光线、动线与空气"
- 空间大面的留白，让居住者在生活中注入自我的灵魂
- 使用牛皮与进口人造石堆砌时尚感

品居，一种生活品味的居住空间，品味与人居关系的连结。

在设计之初，我们希望打造一种质量生活的空间感受，舍去繁复的装修与装饰，让生活回归本质"光线、动线与空气"，空间大面的留白，是为了让居住者在生活中可以注入自我的灵魂，透过个人收藏、家具摆设等方式，让空间是属于居住者，而非居住者去适应空间。

本案使用木皮与进口人造石堆砌时尚感，非以符号元素呈现，因为空间的主角是人，不是材料，木皮为空间带来温润感，进口人造理石的冰冷与木皮相互冲突，却又相互包容，品居的第一步嫣然而生。

"光线、动线与空气"为品居的设计原理，天花板的设计主要是保持空间高度，并以全局照明的概念处理，入口玄关与餐厅的天花板是空间的最低点，地面进口人造理石与天花比例有相互关系，进入到客厅之后，空间感会产生变化，而地面也转换成实木地板，这点是考虑人从外面嘈杂的环境回到家中，第一个感受应该是平静、稳定感，随着不同空间与光影变换，让心里慢慢放松。

开放式的餐厅与客厅，避免走道的产生，白天为了考虑日照，所以舍弃封闭玄关的做法，选择以开放式书柜作为屏风。厨房门选用磨砂玻璃也是提高日照亮度，白天不需要开任何灯光，从而达到节能设计。

配饰上着重材料质感，选用设计师品牌的落地灯与台灯，原木质感搭配考漆玻璃，沙发选用真牛皮皮革，带点雅痞的元素材料与颜色搭配，结合上述设计理念与手法，即为"品居"。

野性自然
Wild Nature

项目名称：野性自然 / 项目地点：浙江温州市 / 主案设计：彭丽
项目面积：400平方米 / 主要材料：东鹏进口瓷砖，安然地板，山川石材，FENDI家具等

■ 适当采用中式元素混搭，使繁琐欧式简单明快，不失时尚感
■ 楼梯背景及用材、色彩设计讲究，成为亮点
■ 客厅和休闲区中空设计，加上镂空楼梯，使整体空间豪华气派

　　居住者非常注重生活品质，在满足豪华大气又不失内涵的基础上，设计师适当采用了中式元素的混搭，使得原本繁琐的欧式变得简单明快，又不失时尚感。

　　楼梯背景突破传统的处理手法，运用水彩画的素材作了油画的肌理效果，加上个性的画框线条，雅致的墙纸装裱，并根据现场环境重新调整了色调，几种材质的完美搭配才形成了最后的亮点。

　　此作品的布局除了传统的客厅中空，还增加了楼梯井、休闲区的中空效果，大理石弧形楼梯的镂空效果，使得整体空间豪华气派。

　　设计师拿来橱柜的描金门板作参考，通过与家具厂的沟通磨合，设计了市场上没有的房门新款式，米灰色加描金的处理使得门板与整体空间相得益彰。

　　区别于一般的欧式，加上后期的用心搭配，整体色调轻松明快又不失豪华时尚。

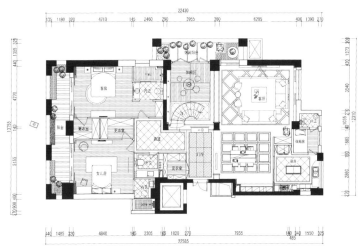

一层平面图

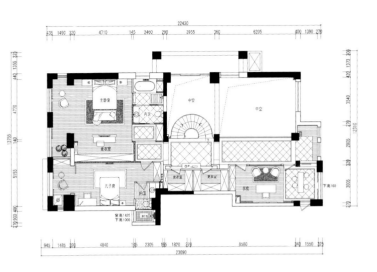

二层平面图

简约和谐
Simplicity Harmony

项目名称：简约和谐 / 项目地点：云南 昆明市 / 主案设计：吕海宁 / 项目面积：220平方米

■ 注重色彩、比例及细节的合理性，强调整体和谐
■ 尽可能的开阔，不加累赘装饰，效果震撼
■ 实市复合的大面积使用营造另一种震撼

　　用简单的手法来制造一种震撼的效果，强调品味及家的感觉。注重色彩、比例及细节的合理性，强调整体和谐。尽可能的开阔，不加一些累赘的装饰，使之在气势上能够得到一种震撼的效果。

　　实木复合的大面积使用来营造一种震撼，800*800地砖一切二的铺贴模式也造就一种不一样的感觉。

　　有家的归属感，随意、温馨、耐看，使得居家品位有了较大的提升，不追求流行但不会被流行所淘汰。

歌德豪庭

Goethe Villa

项目名称：歌德豪庭 / 项目地点：江西南昌 / 主案设计：郑树芬 / 设计公司：香港郑树芬设计事务所
项目面积：680平方米 / 主要材料：20多种进口定制大理石，地砖，进口地暖系统

■ 整个空间使用色彩和布置来实现空间功用的区分
■ 不同部位有不同的风格，每一层都有独特的作用
■ 细节整体完美平衡，尤其注重色彩与光影的结合

    这是一个非常阔绰的私人空间，加上赠送面积，业主实际能获得近1000平方米的使用空间，前后皆是小花园，旁边还有绿化带，整个酒店别墅环绕在绿树红花之中，架空车库和长廊相通，独门独院，生活空间富足而充分。歌德廷是一个三代之家的完整居所，可住业主夫妇、孩子、外加两个家政人员，整个空间的设计目标，就是让业主获得"一个非常美观、实用性能卓越的私人会所"，让享受多一点，尊荣多一点。

    整个空间用色彩和布置来实现空间功用的区分，不同的部位都拥有不同的风格，颜色、灯光、气氛都有所变化，每一层都有独特的作用。用郑先生的话来说就是：用色彩表达空间，让感观享受感觉。

    地下一层面积240多平方米，空间非常大，因此郑先生布置了酒吧区、台球室、棋牌游戏室。

    英式风格的独立洗手间两个。半透视的建筑设计让这里显得明亮而通风，而色彩的运用和变换，让人完全感觉不到这是地下空间，然而却能享受到地下空间的宁静和独特。活动空间的充裕，可招待20~30个客人，完全实现了"轻松沟通、高雅交流"的场所，无不展示主人儒雅的个性和豪爽的热情。

一楼空间设计布局更能体现设计独到的创意水平。这一层以客厅为主要活动场所，进门就是玄关，这是一个充满浓郁中国元素的镂空屏风，黑中带棕的色彩，既显示尊贵又典雅，客厅也使用了众多元素的混搭，家具在古典中透着现代味道，空间使用名贵布料、丝绒、吊灯、火炉、壁画以及从意大利定制的进口地砖，不仅突出了中心点，而且体现了一种极致的奢华。特别是客厅的窗帘，用料中就包括了棉、麻、丝等多种面料，各种面料反光程度不一样，在阳光下似乎有很多色彩在跳动和变化，流光溢彩。

二楼是父母与孩子的居处，这里的颜色使用更是独具匠心，特地将男孩的卧室调为黄色，可育养贵气、扩心胸；而主色调为紫色的女卧室，不仅娇俏，也增添了几分雅致。

三楼为主人翁居所。这里的颜色淡雅别致，尤其注重色彩与光影的结合，中西结合的各色图案，古典中透露着时尚，华丽与简约的风格巧妙融为一体，配合圆形穹顶、特别定制的意大利云石马赛克，充分将主人空间的华贵、内涵诠释得淋漓尽致。

整个样板房空间设计无论是细节还是整体都做到了完美的平衡，洋溢着富贵不凌傲、高雅不高调、热情却脱俗的气息，"每个地方都有吸引人之处"。

空中大宅
Sky Mansion

项目名称：空中大宅/ 项目地点：广州番禺新城 / 项目面积：250平方米

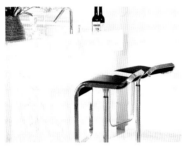

■ 来自香港设计师的创意设计

■ 入户大堂、电梯厅等所有公共部分，尽显尊贵大气

■ 别墅前后无遮挡，拥有极佳的景观视野，景观优势突出

　　为了突出空中别墅的空间设计亮点，金山谷特别邀请了香港著名设计师为其量身设计了创意样板房、首层入户大堂、电梯厅等所有公共部分，尽显尊贵大气，设计效果图目前在销售中心进行展示，其中6米高厅创意板房效果图让人眼前一亮。

　　别墅连地下室共4层：首层有客厅、餐厅、厨房、卫生间；二层有三间卧室、两个卫生间；三层为主卧室和书房；地下室为多功能室和佣人房。其中双拼户型的庭院较大，有100多平方米。

　　别墅位于整个金山谷社区的中央位置，前后无遮挡，拥有极佳的景观视野，景观优势十分突出。

午后阳光
The Afternoon Sun

项目名称：午后阳光 / 项目地点：重庆 / 主案设计：罗瑜 / 项目面积：600平方米
主要材料：手抓纹地板，原木楼梯，质感漆，法罗家具

■ 风格上以托斯卡纳风格为主线，穿插一些另外的装饰元素
■ 选择仿古砖及教堂玻璃，用马赛克及花边砖收边，使整个空间更加完整
■ 把原本属于户外的一块空地归纳为室内，避免客厅小气且不连贯的缺陷

本案面积600平米左右。业主去过很多国家，希望把他喜欢的各种风格融为一体。从风格上，以托斯卡纳风格为主线，其中穿插一些另外的装饰元素。当然客户还有其他的一些要求，比如吃早餐的时候可以看见女儿荡秋千、养一条小狗、随处可坐及可以拿到书的地方……

本案最大的改动就是把原本属于户外的一块空地归纳为室内，因为此户型最大的缺陷为客厅小气且不连贯，所以经过跟业主沟通，把户外空地的外墙全部打掉，用彩钢加碳化木结合的方式做了一个连贯于副厅及餐厅的一个可变空间，且刻意把这块儿空间打造为奔放的地中海风格。

本来在原规划上，楼梯间下面设计为狗房，结果业主养的是藏獒，只能放花园。我一般做设计都会把花园的设计同时考虑，这样室内跟室外的风格才不至于脱节。此方案给业主规划了烧烤区、休闲区、荡秋千区和水景、干景、种植区等，还打了口水井。原始客厅楼梯的回廊感觉很好，只是进入地下室的挡墙太过多余，而且光线不好，所以打掉隔墙做了装饰景端，进行镂空处理。楼梯踢面也采用布条纹的砖作为装饰，既美观又实用。回廊做了装饰书架，让客户的特殊要求得到了满足。

在材质的选择上，选择了海蓝色的仿古砖及艺术性的教堂玻璃，用马赛克及花边砖收边，使整个空间更加完整。我偶尔一次去市场闲逛，无意中看见一块向日葵地毯感觉跟设计中的艺术玻璃相互呼应，就买下来送给客户了。

客户原本有一套黄花梨的中式餐桌很想用起来，但考虑到跟整体风格不融，很纠结，所以我在餐厅的壁炉、窗帘及选择的吊扇灯做了相应的调整，混搭的感觉还不错。

地下室根据设计规划的要求，更多的采用防水质感漆、火砖。

搭建玻璃房外观要和原有建筑一致，所以外墙采用了质感漆涂料做成一样的颜色。此独栋为双壁炉设计，为了配合整体的混搭效果，我设计了一个外观近似于啤酒瓶的异形壁炉。为了加强厚重的感觉，和业主去林场选了几棵整树，把皮剥掉，在烈日下暴晒，让它有了一种自然开裂的效果。然后用来做假梁、托台、台板，效果比较统一。还替业主选了2盏巴厘岛风格的竹编落地灯进行混搭。

自由之家
Freedom Home

项目名称：自由之家 / 项目地点：云南昆明 / 主案设计：黄丽蓉 / 项目面积：350平方米

■ 空间布局上每个区域均保持着适宜的尺度，既独立又相互联系

■ 以自由主义风格为主，简约而不简单

■ 通过色彩、材质的配比，营造舒适、惬意的入户区

在满足正常居住的基础上，充分提高业主的身份地位。风格设计方面结合业主的品味，以独特自我的手法诠释之。

在空间布局上既考虑到动静分区的问题，又考虑到不同的区域有不同的设计要求，每个区域均保持着适宜的尺度，既独立又相互联系，避免了空间与空间之间的功能性干扰，采用环保、低碳的设计。

家是讲爱的地方，它让人们收获幸福、快乐、慰藉、宁静、富贵与健康。

本案以自由主义风格为主。简约而不简单，它是经过深思熟虑的创新得出的设计，不是简单的"堆砌"和平淡的"摆放"。比如，门厅的装饰与陈列设计，运用对称法则让空间充满和谐之意，通过色彩、材质的配比营造舒适、惬意的入户区。

设计师通过对户型的格局改动，提高了空间的利用率。扩大化半开放式的厨房让女主人在烹饪时尽享其中；把原空间的中庭改为楼梯，除实用外也起到提升空间效果的装饰作用；睡房的布局融入自然的宽阔，简洁却不失大气，大衣帽间的设计充分满足女主人对服饰的收纳；主卫生间的宽敞明亮是提高主人生活品质的具体体现。另外，为主人设置了视听区及生活创作区，以促进家庭成员间的交流与互动。

十里荷香景色幽

Fragrant Lotus and Beautiful Views

项目名称：十里荷香景色幽 / 项目地点：江苏省苏州市 / 主案设计：朱伟 / 项目面积：350平方米

- 以江南"荷"展开设计，表达主人独特的审美要求
- 通过对不同角度的设计，表现与灯光的映衬
- 在功能区的过渡上，设计通过微妙的错落关系来表达空间特殊的使用价值
- 强调家具的主导作用，渲染家居空间的艺术美感与舒适度

　　别墅以江南的"荷"展开设计，表达主人独特的审美要求，就像诗里描绘的"十里荷香景色幽，佳人映水犹含着。波光染彩斜阳下，醉弄清风一叶舟。"

　　通过对不同角度的设计表现与灯光的映衬，诠释"荷"在空间的艺术表情，显得格外富有诗意。

　　设计以这种诗意化的方式诠释空间的情境，诉求人文内涵与格调，特别是讲究家具陈设及装修用材的质地的映衬。

　　在功能区的过渡上，设计通过微妙的错落关系来表达空间特殊的使用价值，并结合隔断的虚实变化来传递空间的延展性。

　　在整个黑白灰的基调上，强调家具的主导作用，渲染了家居空间的艺术美感与舒适度。本案充分体现了家居生活的舒适度与高品质。

异乡的温馨

Warm Feeling in A Strange Land

项目名称：异乡的温馨 / 项目地点：北京市顺义区 / 主案设计：Arnd Christian Müller / 项目面积：300平方米

■ 合理的空间布局，使得日常的生活空间合理、有序
■ 界面的材料和空间的配饰使空间灵动起来

　　家是一个进行时态，房子的装饰与丰满是伴随着时间和居住者的生活而进行的，住进一个所有都"已完成"的房子，则会没有主动选择性，也没有后续完善的乐趣。

　　欧式的简约与中式艺术的混搭，使得整个居住环境风格质朴却不失大气。

　　整个别墅在设计上优先考虑功能和使用的需求，合理的空间布局，使得日常的生活空间合理、有序。

　　通过界面的材料和空间的配饰使空间灵动起来。楼梯间的金色马来漆让人眼前一亮，优质的黑胡桃木地板，让人踩上去就感觉与众不同。

　　舒适的居住环境，让身在异乡的主人从未感觉到寂寞，只有一屋满满的温馨。

东方佛罗伦萨

Oriental Florence

项目名称：东方佛罗伦萨 / 项目地点：重庆复地别院 / 主案设计：刘增申 / 项目面积：450平方米

- 佛罗伦萨的舒适结合艺术性的东方元素，出现新美感
- 色彩用深棕色的木作搭配中式的檀木色，空间稳重，大气
- 空间布局上，厨房、客厅开放，尽显居家惬意与品质

传统的地中海风格或美式风格已屡见不鲜，而如何通过固有的空间布局、独特的设计组合与现代人的文化底蕴相结合，体现家居生活的自在且步步宜景，才是本案的核心亮点。本案处于球场风光无极视野的临崖望风景线，田园溪谷动步主题景观轴和维也纳皇家林阴主题景观轴，配合室内中西混搭风格，为主人打造一个多元素的高端私人住宅。

作品主要以欧洲古典文化艺术的发源地托斯卡纳为元素，在石材、浮雕、雕花铁艺等典型符号勾勒出休闲、稳重、富足的佛罗伦萨。佛罗伦萨注重舒适与使用，享受生活的态度被完美地体现。

然而这并不是本作品的全部诉求，在这个作品里，因地制宜，加入了充满艺术性的东方元素在局部点缀，这充满对撞的两种极致风格在这个作品里被合理规划比例，中西结合，出现新的美感。托斯卡纳的硬装空间里，搭配个中式和美式的家具，饰品，画龙点睛，别有一番韵味；色彩用深棕色的木作搭配中式的檀木色，空间稳重，大气；在软装上搭配贵族瓷器蓝色和西洋红相互辉映，让整个空间有整体、有细节、有韵味。

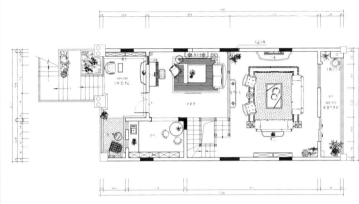

一层平面图

空间布局上，欧式开放厨房、空间开阔的客厅，与亲朋好友聚餐、会客，生活尽显居家惬意与品质，细节上增添中式元素点缀，衬托出别样的灵动风情。由上而下的收藏室，用了大量的中式元素，体现主人的文化内涵。卧室、书房独立分隔，领略人生豁达境界；动静分区井然有序，自然从容大度。这样中西结合的设计，让整个作品，有新意、有意境、有对人生的另一种感悟。

大量的佛罗伦萨木质天棚，复古的铁艺吊灯，亲近自然的仿古石材地铺是托斯卡纳风格独特的美学产物。壁灯的设计，墙面的构架，书房的博古架都是设计亮点。别致的家具、灯具，细节上更加增添了美感与艺术感。整个空间体现了现代人追求悠然、浪漫、温软情怀的精神寄托。

整套作品运用独特的风格理念，浓烈厚重的东南亚元素穿插其中，不为传统束缚，符合现代审美，细节中品味艺术生活的真谛。

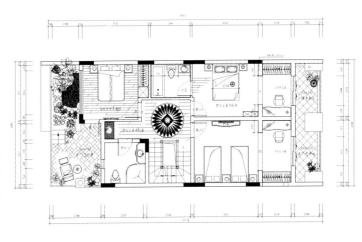

二层平面图

野风山居

Wild Wind in Mountain

项目名称：野风山居 / 项目地点：浙江省富阳市 / 主案设计：孙洪涛 / 项目面积：350平方米

■ 简洁大方的设计理念形成丰富多彩的 "空间节奏感"

■ 通过空间色彩以及形体变化的挖掘来调节空间视点

■ 简洁的图案造型加上现代的材质和工艺，宣泄出奢华的时尚感

在多元的文化影响下，我们将古典融入到现代，踏着灰木纹石地面，你会发现整个客厅与餐厅都是由一些深浅灰白色调的方形或菱形图案组合搭配的，同时交织出空间的层次和趣味。

演变简化的线条套框中带有独特的车边茶镜，通过简洁大方的设计理念形成丰富多彩的"空间节奏感"。设计形式较为简洁的壁炉同样完美结合到整个空间当中，它所体现的是质感及浪漫的简洁之美。

客厅内，造型简洁的浅色沙发与深色墙面、方正而又带优美曲线的茶几和欧式花纹地毯形成视觉冲击，达到通过空间色彩以及形体变化的挖掘来调节空间视点的目的。

简洁的图案造型加上现代的材质和工艺，古典的装饰氛围搭配现代的典雅灯具，宣泄出奢华的时尚感。融合新古典与现代的技术手法，彰显其气质。

文化的融合
Cultural Integration

项目名称：文化的融合 / 项目地点：北京市顺义区 / 主案设计：邓福京 / 项目面积：485平方米

■ 没有追寻一种固定格式，大胆地把不同的文化相融进来
■ 整体选材素雅，局部搭配色彩

　　本案设计为美式风格混搭，整体装修档次较高，体现身份和品位。没有追寻一种固定格式，而是根据业主的品位和文化要求，做了大胆的设计，把不同的文化相融进来。

　　大胆的改造，特别是卫生间的改造很是尊贵，都是套房式独立卫生间。

　　整体选材素雅，局部搭配色彩充分体现业主的品位和身份，特别是墙面壁布的纹理丰富，色彩个性。

简静东方

Brief and Quiet Orient

项目名称：简静东方 / 项目地点：北京市密云县 / 主案设计：陈鹏 / 项目面积：450平方米

■ 融合东西方的文化精髓，打造大隐于墅的生活方式

■ 东方意境的水景，恰是"明月松间照，清泉石上流"

■ 选取极具现代主义风格的中式家居材料，时尚简约

　　夫妻二人居住，第二居所，男主人喜欢中国传统文化，事业有成，经常出国。女主人年轻时尚，喜欢西式的生活方式。

　　本案采用现代主义融合新东方。西式舒适人性化的功能设计，现代主义空间处理，融合新东方的文化精髓，打造大隐于墅的生活方式。

　　挑空7米高的阳光共享大厅设计成水景休闲区，东方意境的水景恰是"明月松间照，清泉石上流"，瀑布之下设计一地台，品茗下棋，悠然自得，享受生活。

　　客厅与门厅间本来复杂的台阶设计被整齐化和趣味化，后现代主义的雕塑在这里找到了适合它的家。

　　本案选用极具现代主义风格的中式家居材料。

三味书屋
Sanwei Bookroom

项目名称：三味书屋 / 项目地点：北京市昌平区沙河镇 / 主案设计：张志宽 / 项目面积：280平方米

- 互动空间、共享空间的想法贯穿整个设计
- 六组书架和落地窗交错排列
- 透入室内的光被调节得或强或弱，颇具韵律感

在室内设计中，最重要的是设计理念和对空间的规划利用与组合。

设计师将互动空间、共享空间的想法贯穿整个设计，所有的隔断均没有延伸至墙根，在周围形成了360度动线，贯通四方。

在这个由吧台、台球桌、沙发、书架围合的一方天地里，既开放、又兼具了酒吧、书吧、台球室等多种功能，这也使得视觉上有穿插，功能上有共享。如果用客厅、书房、餐厅这样的常规格局划分空间，不仅显得老套，而且完全不实用。

铺散在整个墙面的六组书架和落地窗交错排列，透入室内的光被调节的或强或弱，颇具韵律感。

设计不纯粹是视觉上的模拟某种风格，更核心的是它所指向的生活方式。

设计之外
Beyond Design

项目名称：设计之外 / 项目地点：台湾 台北市 / 项目面积：413平方米

■ 十字轴线的空间排序化解了基地中央立柱的格局问题
■ 导入了光线和空气，留下了生活的场景
■ 引入的室外绿景，成为空间中难得的调节
■ 渗入生活的肌理，定义出生活与空间的对应关系

经过多年的设计积累，尝试着各种不同的方式，表达出心中的想法，承载着业主的期盼。

在此，我们有了这个机会，体验了一段不同的设计感想。十字轴线的空间排序化解了基地中央立柱的格局问题，将空间从复杂的结构配置简化统整为五个单纯的区块。

由此发展组合出业主生活的面貌，空间中置入的内庭区域是设计中另一个重要的部分，刻意的退缩。

导入了光线和空气，留下了生活的场景，引入的室外绿景，成为空间中难得的调节，渗入生活的肌理，定义出生活与空间的对应关系。

设计之外——在经过设计的纯粹后，留下来的应该是生活的面貌了。

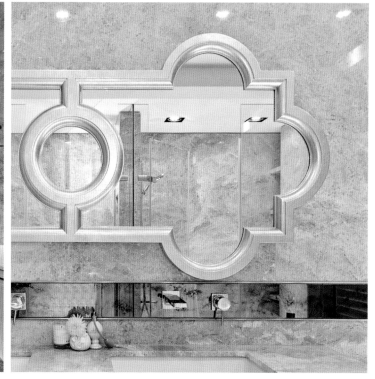

菩提别墅

Bodhi Villa

项目名称：菩提别墅 / 项目地点：北京市 / 主案设计：薛鲮 / 项目面积：650平方米 / 主要材料：大石馆，科勒

■ 环境风格上综合亚洲殖民地特点，融合多国元素

■ 空间布局上，庭院增加泳池，有独立SPA

■ 软装设计上，以麻质藤编为主

与同类竞争性物业相比，作品拥有独有的设计策划和市场定位，即为休闲度假风。因此，作品在环境风格上的设计创新点为：亚洲殖民地特点风格，融合多国元素。

作品在空间布局上的设计创新点是在庭院增加泳池，有独立SPA。软装设计上，以麻质藤编为主。

油画家的工作室
Art Studio

项目名称：油画的工作室 / 项目地点：陕西西安市 / 项目面积：500平方米

■ 设计创作尽量保持该建筑的视觉通透性
■ 设计材料贴近自然，强调质感
■ 家具选择简欧的新古典主义款式，和窗外田园景色相和谐

该项目坐落于西安秦岭北麓山坡上，主人是一位高校教授美术的油画家，北面山体的自然景观及落地窗正好是原建筑的一大特色。

设计师在设计创作中，尽量保持该建筑的视觉通透性，在饰品的选择上采用了关中具有一定历史和收藏价值的石狮子，在视觉上营造了一种同西式家具既冲突又和谐的视觉冲击力，以达到一种中西文化并融的视觉美感。

布局上为了满足主人绘画空间的工作需求，将客厅设计成了画室、书房、会客三个空间的统一布局，气质亲切、质朴、空间灵动，墙面上悬挂的大镜子在既满足绘画功能需求外，也使室内空间效果得以延伸，并将落地窗外的自然景色收入室内，达到了室内外相互借景，并与自然融为一体的视觉效果。

在装饰材料的选择运用上，特别强调能与自然相贴近的饰面材料以及与山体相融的质感效果，在吊顶上立足保持原建筑的结构，只做了局部能够消除原先大梁造成的压抑感的石膏板，乳胶漆饰面处理，并在顶面上开了一个天窗，从而满足画室的功能性，地面铺装上选择了国产手工釉面陶砖，窗套等饰面选择无漆面的木质自然本色材质，以达到主人在材料上的环保要求，甚至主、客卧室地面的木地板家具等均采用无漆面处理，充分体现材料的原质感，家具式样选择简欧的新古典主义款式，以便和窗外田园景色相和谐，卫生间选用质感粗犷的石材材质，也是为了和山体气质相融。

一层平面图

二层平面图

北方阳光

Nothern Sunshine

项目名称：北方阳光 / 项目地点：广西南宁市 / 项目面积：1800平方米

- 地下三面采光设计，最大程度挖掘环境优势
- 适宜地区气候特点，与环境最大程度地接触
- 导入北方地区的建筑布局，针对性解决当地气候劣势

　　开创性地下三面采光设计，最大程度挖掘环境优势，土地资源及使用功能开发。

　　适宜地区气候特点，与环境最大程度地接触。

　　导入北方地区的建筑布局，针对性解决当地气候劣势，开创性地融合景观资源。

　　建筑外墙材料的室内运用颇具创新性。

东情西韵
East & West Rhymes

项目名称：东情西韵 / 项目地点：北京顺义区 / 项目面积：328平方米 / 主要材料：长谷，立邦，实木演义

■ 在一个居住空间里实现多元文化的交融
■ 选用带有浓烈地域文化特点的材料
■ 打破原有建筑结构的束缚，让居住空间更舒适

现在的世界是一个开放的世界，世界各国文化相互渗透、交融，本案设计的出发点也是如此，在一个居住空间里实现了多元文化的交融，业主很喜欢，用她的话说：来到这个房子，就不想回原来的房子了……

通过与业主的深入沟通，挖掘业主内心深处的真实需求，用现代表现手法，在一个空间里融合了中国东方文化，美式文化，印尼文化，地中海文化，实现多元文化的有机交融。

打破原有建筑结构的束缚，按照现代人的生活方式和居住习惯来布置平面，让居住空间更舒适、更人性化！

挑选带有浓烈地域文化特点的材料，再搭配上大自然中的卵石、干竹来烘托空间的整体气氛。